Die Sinnlichkeit der Pilze

Im Buchenwald spazieren gehen
So dunkel dort die Herbsttrompeten stehn
Im Nadelwald der Steinpilz lacht
Des Schwammelsuchers Herz erwacht
Die Morchel dieser Frühjahrsschatz
Im Auenwald da ist ihr Platz

KLEINES PILZ-ABC

von

Edgar Fenzlein

Trotz gewissenhafter Bearbeitung kann eine Haftung für den Inhalt nicht übernommen werden. Für aktuelle Ergänzungen und Anregungen ist der Verlag jederzeit dankbar.
Wir bedanken uns bei allen, die uns unterstützt haben.

Impressum
© 2018 BuchVerlag Leipzig GmbH
Gerichtsweg 28, 04103 Leipzig
Tel.: 0341 / 493574-0, Fax: 0341 / 493574-40
www.buchverlag-leipzig.de

Fachberatung: Dietrich Otto, Naunhof, Jörg Wittka, Zedtlitz
Gestaltung und Satz: Catharina Ende, Leipzig
Titelfoto: Colourbox.de
Innenfotos: Seite 2, 7, 15, 17, 21, 43, 77, 117: Colourbox.de; Seite 27, 35, 37, 45, 59, 73: Pixabay.com; Seite 29, 31, 51, 53, 63, 79, 81, 93, 95, 97, 103, 119: Edgar Fenzlein; Seite 33: image, Unsplash.com; Seite: 39, 41, 47, 55, 61, 65, 71, 75, 83, 87, 89, 105: Peter Rohland; Seite 57: Sibille Müller; Seite 69: physyk, Fotolia.com; Seite 99: Dr. Lutz Gebhardt; Seite 109: Fomax, Wikimedia Commons; Seite 111: Ramona Heim, Fotolia.com
Druck: Druckhaus Gera
Bindearbeiten: Müller Buchbinderei GmbH, Leipzig
Printed in Germany

3. Auflage 2024
ISBN 978-3-89798-540-7

INHALT

DIE LUST AM PILZE SAMMELN

Pilze sammeln, wo und wie, das ist oft das Geheimnis des Pilzliebhabers. Ich möchte Sie ermuntern, die faszinierende Welt der Pilze, etwas näher kennen zu lernen. Mein Weg zu diesen fantastischen Schönheiten der Natur, kulinarischen Delikatessen und ihrem noch unentdeckten, gesundheitsfördernden Wert begann in meinem Geburtsort Eishausen, ein kleiner Ort im ehemaligen Grenzgebiet zwischen Thüringen und Franken. In meiner pilzreichen Heimat gibt es viele Mischwälder und vor allem muschelkalkhaltige Böden. Fast immer sind es die vorhandenen Baumarten und die Bodenverhältnisse und natürlich das

Wetter, die das Pilz-Vorkommen bestimmen. Es gibt regional hochgeschätzte Pilzarten, die zu besonderen Köstlichkeiten verarbeitet werden. Im Thüringer Unterland beginnt die Pilzsaison schon sehr früh im Jahr. Ende April bis Anfang Juni wird dem Maipilz hinterher gejagt, der dann zu einer besonderen Pilzmahlzeit bei so manchem Sonntagsmahl genossen wird.

Mein Biologiestudium führte mich in den 1980er Jahren nach Leipzig, und wieder waren es die Frühjahrspilze, die mich in die wunderschönen Auenwälder lockten. Ich konnte meinen Augen kaum glauben, als ich dort die ersten Morcheln fand.

Seit 2013 bin ich ehrenamtlich als Pilzsachverständiger tätig. Pilzberatungen, Führungen und das Zubereiten feiner

Pilzgerichte sind meine große Leidenschaft geworden. Pilze sind besondere Naturschätze, ohne sie gäbe es kein Leben auf unserer Erde. Sie leben ohne Blattgrün (Chlorophyll) und bilden oft eine Lebensgemeinschaft (Symbiose) mit bestimmten Bäumen. Der Baumbestand eines Waldes lässt also wichtige Rückschlüsse auf die dort möglichen, vorkommenden Pilze zu. Die Stille eines alten, kalkreichen Buchenwaldes im Herbst, die zauberhaften Lichtverhältnisse und das Sammeln von typischen Pilz-Köstlichkeiten wie Herbsttrompete oder Krause Glucke erfreuen Seele und Sinne. Folgen Sie mir durch das Pilzjahr und genießen Sie mit allen Sinnen.

WIE, WANN, WO, UND WIE VIELE PILZE KANN MAN SAMMELN?

Wie?

Die Vorbereitung auf den Waldgang ist sehr wichtig für ein erfolgreiches Pilzvergnügen. Ein geschlossener Korb, festes Schuhwerk, wetterfeste, zeckensichere Kleidung, ein Pilztaschenmesser mit Pinsel, einige kleine geschlossene Dosen für unbekannte Pilze, eine Lupe und ein Rucksack mit Getränken sowie ein GPS-System – das ist meine Ausrüstung, um die Schönheiten in unseren Wäldern zu entdecken. Ich sortiere und säubere alle Pilze bereits im Wald und erfreue mich an den Farben und Gerüchen vor Ort. Vor dem Hineinlegen in den Korb sollten

Sie die Pilze grob putzen, bei manchen Arten ist die schleimige Huthaut abzuziehen. Das Wetter, feuchter Waldboden, die Art des Waldes, die Jahreszeit und die Bodenverhältnisse spielen eine wesentliche Rolle bei meinen Pilzwanderungen.

Wann und wo?

Dem Jahresrhythmus folgend kann man einen kleinen Pilzkalender erstellen. Einige typische Frühjahrspilze sind die bereits erwähnten Maipilze und die köstlichen Morcheln. In Sommer folgen unter anderem Sommersteinpilze, Perlpilze, Pfifferlinge, einige Täublinge und bei regenreichem Wetter weitere Röhrenpilze. Da sind wir auch schon bei einem grundsätzlichen Hauptunterscheidungsmerkmal. Einen Großteil unserer heimischen Pilze kann man entweder den Röhrenpilzen (z.B. Steinpilz oder Marone) oder den Blätterpilzen (z.B. Maipilz, Perlpilz, Fliegenpilz) zuordnen. Das ist natürlich nur eine Grobeinteilung und nicht vollständig. Anfängern sei empfohlen, sich erst mal auf die Röhrenpilze zu konzentrieren. Dort gibt es nur wenige wirklich stark giftige Pilze wie den Satanspilz. Aber Achtung, mit nur einem Gallenröhrling kann man sich ein ganzes Steinpilzgericht vermiesen. Beim Sammeln von Blätterpilzen ist gute Artenkenntnis unbedingt erforderlich. Zu den Blätterpilzen gehören neben sehr guten Speisepilzen (z.B. Anischampignon, Stockschwamm) auch tödlich giftige Pilze wie der Grüne Knollenblätterpilz. Im Herbst ist dann die Hauptsaison für die meisten Speisepilze und die kulinarische Vielfalt erfreut Seele und Gaumen. Im Wald, auf Wiesen und an Baumstümpfen gibt es viele Köstlichkeiten zu entdecken. Steinpilze im Fichten- und Buchenwald, Stockschwämmchen an Buchen oder Birkenstämmen, köstliche Anischampignons auf Wiesen und in Waldlichtungen und Herbsttrompeten sind nur eine kleine Auswahl des reichlichen Herbstangebotes. Auch der Spätherbst und der Winter sind mit einigen Pilzköstlichkeiten gesegnet. Der Austernseitling, z.B. an Birkenstämmen und der Samtfußrübling an Weiden sind eine wunderbare Alternative zu im Sommer und im Herbst hergestellten Trockenpilzen.

Wie viel ist erlaubt?

Einige Speisepilze stehen unter Naturschutz (z.B. Rotkappen, Steinpilze, Herbsttrompeten). Sie dürfen nur bedingt gesammelt werden. Als Richtgröße gelten 1-2 kg für den Eigenbedarf pro Tag. In der Schweiz gibt es regionale Vorschriften, die man bei den zuständigen Behörden erfragen sollte. In den Pilzkorb gehören nur frische und junge Pilze. Alte und große Exemplare sollten im Wald verbleiben. Unbekannte Pilze immer separat aufbewahren, da schon Teile von tödlich giftigen Pilzen lebensgefährlich werden können. Aus Sicherheitsgründen sollten Pilze vorsichtig mit der Stielbasis aus dem Waldboden entnommen werden. Oft sind es der Stiel und die Stielbasis, die wichtige Hinweise für eine sichere Bestimmung liefern.

TIPPS FÜR DIE PILZ-KÜCHE

Verarbeitung

Speisepilze sind leicht verderbliche Lebensmittel und sollten sofort verarbeitet werden. Wenn Sie die Pilze bereits im Wald vorgesäubert haben, ist das Putzen zu Hause ein Vergnügen. Ich wasche die meisten Pilze nicht vor dem Putzen, um ein Aufsaugen von Wasser zu verhindern. Bei Pilzen mit zähen Stielen verwende ich nur die Hüte (Stockschwamm, Hallimasch). Die Stiele kann man trocknen und zu Pilzpulver verarbeiten. Ein Großteil der Röhrenpilze ist schleimig. Ich entferne dann die Huthaut und säubere den Stiel mit einem scharfen Pilzmesser. Danach schneide

ich die gesäuberten Pilze in Stücke zur weiteren Verarbeitung. Einige Pilze, z.B. der Hallimasch, sollten vor der Weiterverarbeitung kurz abgekocht werden. Alkohol und so mancher Pilz vertragen sich nicht (Hexenröhrling, Schopftintling). Diese Hinweise sollen Sie sensibilisieren, ihre Pilzfunde genau zu kennen und beim Genuss vieler Pilze maßvoll vorzugehen. Hier gilt die alte Weisheit, weniger ist manchmal mehr.

Sollten Sie unsicher sein, dann ist der nächste Pilzberater ein zuverlässiger Ansprechpartner. Die Anschriften erhalten Sie bei den Lebensmittelüberwachungsämtern oder aus der örtlichen Presse.

Die frischen Pilze können nun gebraten (mindestens 20 Minuten Garzeit), geschmort oder gekocht werden.

Konservierungsvorschläge

Mein Favorit ist die Vakuumverpackung und das anschließende **Einfrieren** von Pilzen. Dafür eignen sich besonders sehr feste Pilzarten wie Steinpilze, junge Champignons aber auch Stockschwämme, Rauchblättrige Schwefelköpfe und Hallimasch. Die Pilze nicht waschen, sondern nur sorgfältig putzen. Die Qualität der Pilze bleibt mit dieser Methode sehr gut erhalten. Sie können genau wie Frischpilze weiterverarbeitet werden. Weniger feste Pilze friere ich in speziellen Gefrierdosen ein. Auf den Verpackungen immer die Pilzarten, Menge und Fundort notieren.

Beim Kochen kann man sich dann die Schönheit des Fundortes vergegenwärtigen und ein gutes Glas Rotwein gönnen. Der Hochgenuss ist garantiert.

Für **Pilzpulver** und **Trockenpilze** (siehe S. 120) die sorgfältig gereinigten Pilze bei geringer Temperatur ca. 8 bis 12 Stunden schonend im Backofen trocknen. Es ist zu beachten, dass einige Pilzarten wie Pfifferlinge, Reizker, Schnecklinge, Egerlinge und Graukappe nicht zum Trocknen geeignet sind, da sie zäh werden oder an Geschmack verlieren. – Vor dem Gebrauch sind getrocknete Pilze 12 Stunden einzuweichen!
Natürlich kann man Pilze auch einwecken oder silieren.

WAS TUN BEI PILZVERGIFTUNGEN?

Leider gibt es nicht nur kulinarische Schätze in unseren Wäldern, sondern auch gefährliche und sogar tödlich wirkende Giftpilze. Besonders gefährliche, giftige Doppelgänger sollten Sie genau kennen, wenn sie Speisepilze wie Stockschwämmchen, Rauchblättrige Schwefelköpfe, Perlpilze, Champignons und Hexenröhrlinge sammeln. Genaue Porträts der Doppelgänger und Giftpilze (Symbol roter Pilz) finden Sie im jeweiligen Pilzporträt in diesem Ratgeber. Aus dem Grund weicht die Reihenfolge der Steckbriefe etwas vom Alphabet ab.

Der beste Schutz vor einer Pilzvergiftung ist die genaue Kenntnis der häufigsten Giftpilze oder der Gang zum Pilzberater VOR einer Mahlzeit, wenn man unsicher ist.

Haben Sie den Verdacht, einer Pilzvergiftung ausgesetzt zu sein, ist sofort ein Arzt zu konsultieren. Pilzreste, Erbrochenes und Fundorthinweise sind wichtige Hilfsmittel für den behandelnden Arzt.

Pilze sind sensible Lebensmittel und oftmals bereitet der Verzehr von alten, und schon in Auflösung befindlichen Pilzen, Unbehagen. Dabei können auch gute Speisepilze zum Problem werden. Deshalb Finger weg von überalterten Pilzen! Das gilt nicht nur für Pilze aus dem Wald. In vielen Geschäften fallen mir überlagerte Pilze auf, die zum Verkauf angeboten werden. Also Augen auf, auch beim Kauf von Kulturpilzen.

PILZE EINMAL ANDERS: VITALPILZE UND MEHR

Ein altes und dennoch mit vielen Geheimnissen versehenes Fachgebiet ist die Wirkung der Pilze auf Körper und Seele des Menschen.

Es ist seit langem bekannt, dass einige Pilze zu Heilzwecken eingesetzt werden. Das bekannteste Beispiel ist die Anwendung von Penicillin, welches aus einem Schimmelpilz hergestellt wird. Ich persönlich mag den Birkenporling, der im Herbst an alten Birken vorkommt und ein hervorragender Magen-Darm-Pilz ist. Den Pilz in kleine Würfel schneiden und dann 12 Stunden bei 70 °C im Dörrgerät trocknen. Einen großen Esslöffel der getrockneten Pilzstückchen dann mit 250 ml kochendem Wasser übergießen und 20 Minuten ziehen lassen. Diesen Pilz-Tee über 5 Tage, dreimal täglich trinken.

Er hilft mir wunderbar bei Magen- und Darmproblemen. Ich habe ihn zu Pilzausstellungen immer dabei und war sehr überrascht, als mich ein Besucher direkt auf diesen Pilz ansprach. Er kannte den Pilz und erzählte mir von seinen Problemen mit der Darmkrankheit *colitis ulcerosa.* Durch Anwendung dieses Tees konnte die in Schüben auftretende Krankheit bei ihm stark gelindert werden. Ein Versuch lohnt sich also.

PILZPORTRÄTS VON A BIS Z

AUSTERNSEITLING

(Pleurotus ostreatus)

Merkmale: 5-15 cm breit, am Stiel herablaufende weiße Lamellen, glatte glänzende Haut.

Hut: Graubraun bis schwarzviolett. Ist viel dunkler als der Zuchtpilz.

Stiel: weiß

Vorkommen: Laubholzstämme

Zeitraum: März bis Mai, September bis Dezember

Verwendbarkeit: sehr guter Speisepilz

Lamellen: cremeweiß bis lila

Verwechslung: Gelbstieliger Muschelseitling

Besonderheiten: Beliebter Zuchtpilz. Soll eine vorbeugende Wirkung auf Darmkrebs haben.

Fleischfarbe: weiß

Geruch: würzig

Geschmack: mild

BIRKENPILZ

(Leccinum scabrum)

Merkmale: mittelgroßer Pilz

Hut: Meist bräunlich, kann variieren. Huthaut lässt sich fast nicht abziehen.

Stiel: Weiß-rötliche Farbe, mit dunklen Schüppchen besetzt . Im Alter oft zäh.

Vorkommen: unter Birken, in Symbiose lebend

Zeitraum: Juni bis November

Verwendbarkeit: jung guter Speisepilz

Röhren: Kleine, runde, enge Poren, erst weißlich, später schmutziggrau, leicht vom Hutfleisch ablösbar, auf Druck bräunlich färbend.

Verwechslung: Je nach Standort können sich die Hutfarben unterscheiden. Braun bis schwarzbraun. Verwechslung mit jungen Rotkappen möglich.

Besonderheiten: Wird sehr schnell weich und matschig.
Fleisch: Weiß und im Schnitt meist unverändert, sehr schnell schwammig.
Geruch: unauffällig
Geschmack: mild, vereinzelt leicht säuerlich, guter Mischpilz ohne starken Eigengeschmack

BIRKENPORLING

(Piptoporus betulinus)

Merkmale: 7-14 cm groß
Hut: weiß-bräunlich bis braun, meistens glatt, aber manchmal rissig
Stiel: angewachsen
Vorkommen: an Birkenstämmen
Zeitraum: Mai bis November
Verwendbarkeit: Vitalpilz: wirkt getrocknet und zu Tee verarbeitet beruhigend auf Magen und Darm
Röhren: weiß bis grau
Verwechslung: Zunderschwamm
Besonderheiten: Oft mehrere Exemplare an einer Birke; wurde angeblich schon bei der Gletschermumie Ötzi gefunden.
Fleisch: weiß bis leicht grau, sehr fest
Geruch: säuerlich
Geschmack: kein Speisepilz

BUTTERPILZ

(Suillus luteus)

Merkmale: 4-12 cm breit, nach Regen sehr schleimig

Hut: schokoladenbraun, Haut lässt sich gut abziehen

Stiel: Mehr oder weniger zylindrisch, anfangs häutiges Velum mit Hutrand verbunden, später als hängender weißbräunlicher Ring ausgebildet.

Vorkommen: unter Kiefern auf Kalkböden, selten

Zeitraum: Juli bis November

Verwendbarkeit: Essbar, guter Speisepilz, Huthaut abziehen; manche Menschen vertragen den Pilz nicht; vereinzelt Auftreten von Allergien.

Röhren: anfangs blassgelb, später gelb bis olivgelb, relativ feine Poren

Verwechslung: Goldröhrling, Körnchenröhrling
Besonderheiten: Es gibt auch eine ringlose Form des Butterpilzes.
Fleisch: weißlich bis schwach gelb, weich
Geruch: obstähnlich
Geschmack: mild, leicht säuerlich

Edelreizker

(Lactarius deliciosus)

Merkmale: 7 cm hoch

Hut: Junge Edelreizker haben einen leicht gewölbten Hut mit ringförmig angeordneten grubigen Flecken. Je älter der Pilz, desto tiefer wird die Mulde, bis eine Trichterform entsteht. Lachsfarben.

Stiel: zylindrisch, grubig

Vorkommen: unter Kiefern, oft auf Wacholderheiden

Zeitraum: August bis November

Verwendbarkeit: sehr guter Speisepilz, besonders zum Braten geeignet

Blätter: lamellenartig; orange bis ockergelb

Verwechslung: Fichtenreizker, wächst unter Fichten; schmeckt etwas schärfer

Besonderheiten: Sondert orange Milch ab, die später ins grünliche wechselt.
Fleisch: weißlich orange, jung fest
Geruch: leicht obstartig
Geschmack: mild

FLIEGENPILZ

(Amanita muscaria)

Merkmale: typisches Erscheinungsbild
Hut: rot bis orange mit schönen weißen Velumflöckchen
Stiel: weiß mit lappenartigem Ring und Knolle mit Warzen
Vorkommen: sehr häufig im Nadelwald mit eingestreuten Birken
Zeitraum: Juli bis November
Verwendbarkeit: giftig, schädigt das Nervensystem
Lamellen: weiß
Verwechslung: Kaiserling
Besonderheiten: Ist einer der schönsten Pilze des Waldes.
Fleisch: rein weiß
Geruch: unauffällig
Geschmack: Soll angenehm sein.

FRAUENTÄUBLING

(Russula cyanoxantha)

Merkmale: sehr oft mischfarben
Hut: 5-14 cm, gelegentlich flach trichterförmig, dunkelgrün bis grünviolett
Stiel: weiß, jung fest, später watteartig
Vorkommen: neutrale Buchenwälder
Zeitraum: Juni bis Oktober
Verwendbarkeit: sehr guter, vielseitig verwendbarer Speisepilz
Lamellen: weiß, biegsam nicht splitternd wie bei anderen Täublingen
Verwechslung: Grüner Knollenblätterpilz
Besonderheiten: einziger Täubling, dessen Lamellen nicht splittern
Fleisch: weiß
Geruch: unauffällig
Geschmack: leicht nussartig, mild

FROSTSCHNECKLING

(Hygrophorus hypothejus)

Merkmale: Oft schmierig.
Hut: 3-6 cm, braun-oliv, sehr schleimig, flach, im Alter etwas vertieft
Stiel: ringlos
Vorkommen: stets unter Kiefern auf sandigem, trockenem Untergrund
Zeitraum: nach den ersten Nachtfrösten Oktober; November
Verwendbarkeit: guter Speisepilz
Lamellen: am Stiel herablaufend
Verwechslung: mit Trichterlingen
Besonderheiten: ergiebiger Pilz, oft in Gruppen auftretend
Fleisch: weiß bis blassgelb
Geruch: ohne besonderen Geruch
Geschmack: guter Speisepilz

Gelber Knollenblätterpilz

(Amanita citrina)

Merkmale: starker Kartoffelgeruch
Hut: halbkugelig, blass gelblich bis grünlich, meist mit gelben Velumresten, Huthaut meist feucht und abziehbar
Stiel: 10-12 cm hoch, trägt blassgelbliche, ungeriefte, hängende Manschette, Knolle mit scharf abgegrenztem, umlaufendem Randsaum
Vorkommen: in Deutschland häufig, oft auf sauren Böden
Zeitraum: Juli bis November
Verwendbarkeit: Leicht giftig; enthält das Krötengift Bufotenin, welches die Herztätigkeit beschleunigt.
Lamellen: erst weiß, später blassgelb
Verwechslung: Grüner und Weißer Knollenblätterpilz (beide tödlich giftig)

Besonderheiten: Geruch ist wichtigstes Unterscheidungsmerkmal
Fleisch: weichlich, weiß
Geruch: dumpf, fade nach Kartoffelkeimen
Geschmack: unangenehm, muffig

GRÜNER KNOLLENBLÄTTERPILZ

(Amanita phalloides)

Merkmale: grünlicher Hut, sackartige, scheidige Knolle, natternartiges Stielmuster

Hut: anfangs halbkugelig, später abgeflacht, oliv bis gelbgrün

Stiel: 5-15 cm hoch, gelb bis grünlich mit natterartigem Muster, in einer offenen Knolle eingehüllt, Stielmanschette schwach gerieft.

Vorkommen: im Laub-und Nadelwald aber auch in Parkanlagen

Zeitraum: Juni bis Oktober

Verwendbarkeit: Vorsicht! Tödlich giftig! *Vergiftungsverlauf:* 1. Anfangs Magen- und Darmbeschwerden mit teils heftigem Erbrechen 2. Phase der scheinbaren Erholung 3. sehr starke Leber-

und Nierenschädigung. Besonders trügerisch ist die lange Latenzzeit, ca. 24 Stunden nach Pilzmahlzeit, der tödlichen Lebergifte (Amatoxine). Schon 50 g Frischpilze können tödlich sein. Ärztliche Hilfe dringend erforderlich!

Lamellen: gedrängt, weiß

Verwechslung: andere Knollenblätterpilze, grüne Täublinge, bei unerfahrenen Pilzsammlern auch Champignonarten

Besonderheiten: einer der giftigsten Pilze

Fleisch: weiß, nach Honig riechend

Geruch: oft süßlich, honigartig

Geschmack: nach Angabe von vergifteten Personen mild, nussartig

GRÜNLING

(Tricholoma equestre)

Merkmale: Gehört zu den Ritterlingen.
Hut: 5-12 cm, lebhaft gelb bis gelbgrün, leicht gebuckelt, lange eingebogen, feine Schuppen, oft schmierig
Stiel: zylindrisch, glatt

Vorkommen: oft unter Kiefern auf Sandböden
Zeitraum: Spätherbst
Verwendbarkeit: Achtung Giftpilz, verursacht Rhabdomyolyse (Abbau der quergestreiften Muskulatur), *Krankheitsanzeichen:* brauner Urin, Müdigkeit, Muskelschwäche
Lamellen: zitronen- bis schwefelgelb, am Stiel ausgebuchtet
Verwechslung: Schwefelritterling, der aber stark nach Leuchtgas riecht, sowie andere gelbe Ritterlinge
Besonderheiten: galt früher als Speisepilz, wird in manchen Ländern Osteuropas noch gehandelt
Fleisch: gelblich
Geruch: mehlartig
Geschmack: ebenfalls mehlartig

HALLIMASCH, DUNKLER HALLIMASCH

(Armillaria ostoyae)

Merkmale: im Herbst oft als Massenpilz vorkommend, büschelig wachsend, an Laub- und Nadelbäumen, Forstschädling

Hut: jung kugelförmig mit geschlossenen Köpfen, später abgeflacht, Farbe, veränderlich, honiggelb bis braun, zunehmend mit abwischbaren Schüppchen besetzt

Stiel: 5-12 cm, gerillt mit weißlichem bis braunfarbigem Ring

Vorkommen: in großen Büscheln an lebendem und toten Laub-und Nadelholz

Zeitraum: August bis November

Verwendbarkeit: Roh giftig, muss gut durch gekocht werden! Kochwasser unbedingt wegschütten! Im Herbst nach Abkochen ergiebiger Speisepilz.

Lamellen: anfangs cremeweiß, später gelblich bräunlich fleckend

Verwechslung: Sparriger Schüppling; Honiggelber Hallimasch

Besonderheiten: Wird nicht von jedermann vertragen. Auch nach dem Abkochen klagen manche Personen über Magen- und Darmbeschwerden.

Fleisch: weiß bis cremefarbig, relativ fest

Geruch: pilzartig

Geschmack: mild, im Rachen kratzendes Geschmacksempfinden

KRAUSE GLUCKE

(Sparassis crispa)

Merkmale: badeschwammartige Struktur; blumenkohlähnliche Form
Stiel: als kurzer Strunk ausgebildet
Vorkommen: vorwiegend an Kiefern, am Stammgrund
Zeitraum: August bis November
Verwendbarkeit: Guter Speisepilz, von vielen Pilzfreunden geschätzt, gut waschen und von Kleinlebewesen, Sand und Humusteilen befreien.
Fruchtkörper: Durchmesser 15-40 cm, bis 5 kg schwer, eng miteinander verflochtene Verästelungen, blass gelbliche Farbe, stark gekräuselt
Verwechslung: Breitblättrige Glucke unter Weißtannen, weniger gekräuselt, geschmacklich minderwertiger

Besonderheiten: große stattliche Fruchtkörper
Fleisch: weiß bis blass gelblich, später ausbleichend, brüchig
Geruch: würzig, morchelartig
Geschmack: mild nussartig, im Alter manchmal bitter

MAIPILZ, GEORGS-RITTERLING

(Calocybe gambosa)

Merkmale: Gehört zu den Ritterlingen, wächst oft in Hexenringen oder Halbkreisen.

Hut: 3-10 cm halbkugelig, meist weiß, jedoch standortabhängig auch cremefarben bis gelbbraun, Hutrand eingerollt

Stiel: weiß, festfleischig

Vorkommen: im Laub- und Nadelwald sowie auf naturnahen Wiesen, oft an Heckenrändern auf kalkreichen Böden

Zeitraum: April bis Juni

Verwendbarkeit: sehr guter Speisepilz

Lamellen: dicht stehend, ausgebuchtet um den Stiel herum

Verwechslung: mit dem stark giftigen Ziegelroten Risspilz

Besonderheiten: In manchen Gegenden Thüringens der Speisepilz überhaupt! Wird bei ausbleibendem Regen leider schnell madig.
Fleisch: weiß, schmeckt mild, jung fest, alt schwammig
Geruch: riecht stark nach Mehl
Geschmack: mild, mehlartig

ZIEGELROTER RISSPILZ

(Inocybe erubescens)

Hut: Jung grauweiß, längsfaserig und glockenförmig mit Buckel. Mit zunehmenden Alter am Rand strahlig eingerissen mit ziegelroter Färbung.

Stiel: zylindrisch, von weißlich über lachsrosa bis ziegelrot

Vorkommen: in Gärten, Parks, Mischwäldern, kalkliebend

Zeitraum: Mai bis Juli

Verwendbarkeit: Vorsicht! Starker Giftpilz enthält Muskarin (Kreislauf- und Nervengift).

Lamellen: jung gräulich, an Verletzungsstellen rötlich, relativ dicht stehend

Verwechslung: Maipilz und andere Risspilze. Wenn Sie Maipilze sammeln, sollten Sie diesen Pilz genau kennen.

Besonderheiten: Die Muskarin-Vergiftung kann gut durch das Gegengift Atropin behandelt werden.

Fleisch: anfangs weiß, später ziegelrot

Geruch: anfangs obstartig, später Spermageruch

Geschmack: Jung nussartig, im Alter widerlich zusammenziehend. Vorsicht bei Geschmacksprobe: starker Giftpilz!

MARONE

(Xerocomus badius)

Hut: 5-10 cm, schokoladenbraun, bei Trockenheit wildlederartig, bei Regen schmierig

Stiel: walzenförmig, gelbbraun, zugespitzte Basis

Vorkommen: bevorzugt in sauren Nadelwäldern, im Laubwald selten

Zeitraum: Juni bis November

Verwendbarkeit: sehr guter Speisepilz

Röhren: anfangs hell cremefarben, später grüngelb bis olivgrün, bei Berührung blaufärbend

Verwechslung: Mit jungen Steinpilzen und Gallenröhrlingen im jugendlichen Stadium, Steinpilze bläuen nicht auf Druckberührung.

Besonderheiten: neigt zur Anreicherung von Radioaktivität
Fleisch: blassgelb, bei Anschnitt blaufärbend
Geruch: obstartig
Geschmack: mild

NETZSTIELIGER HEXENRÖHRLING

(Boletus luridus)

Merkmale: Sofortige Blaufärbung bei Anschnitt; rote Röhren. Aber auch der giftige Satanspilz hat rote Röhren, aber einen kurzen Stiel und weißen Hut.

Hut: 5-25 cm, halbkugelig, olivbraun, fein filzig bis samtig

Stiel: zylindrisch mit deutlicher, erhabener Netzstruktur

Vorkommen: in Laub- und Nadelwäldern, Parks und Gärten; bevorzugt kalkhaltigen Boden

Zeitraum: Juni bis Oktober

Verwendbarkeit: Sehr guter Speisepilz, der fast nie madig ist.

Röhren: jung olivgelb, aber sehr bald in rot übergehend

Verwechslung: Flockenstieliger Hexen-

röhrling (roh unverträglich), Satansröhrling (Giftpilz)
Besonderheiten: Sollte nicht mit Alkohol genossen werden.
Fleisch: gelb, bei Anschnitt blau
Geruch: neutral
Geschmack: angenehm mild

SATANSRÖHRLING

(Boletus satanas)

Hut: 8-30 cm, weiß bis blassgrau mit grünlichem Schimmer, Huthaut nicht abziehbar

Stiel: kegelig mit roter Adernetzstruktur, chromgelb besonders an der Spitze, meist sehr kurz

Vorkommen: in Laubwäldern unter Eichen und Buchen, kalkliebend, selten

Zeitraum: Juli bis Oktober

Verwendbarkeit: Giftpilz, verursacht schwere Magen-Darmkoliken

Röhren: anfangs blutrot, doch sehr bald purpurrot, im Alter gelborange, bei Berührung leicht blauend

Verwechslung: Hexenröhrlinge

Besonderheiten: einer der wenigen giftigen Röhrenpilze

Fleisch: blassgelb, in der Jugend fest, im Alter schwammig
Geruch: anfangs süßlich, bald unangenehm nach Aas riechend
Geschmack: jung süßlich, später unangenehm

PARASOL

(Macrolepiota procera)

Merkmale: sehr stattlicher Pilz, typische schirmartige Hutform, hoher Stiel mit Doppelring

Hut: 10-30 cm, anfangs eiförmig, später schirmförmig mit dunklem Buckel, Grundfarbe cremeweiß mit nussfarbigen Schuppen

Stiel: kann bis 35 cm hoch werden, innen hohl, an der Basis Verdickung zu einer Knolle, jung braun, später genattert, doppelter, verschiebbarer Ring umgibt den Stiel

Vorkommen: in lichten Laubwäldern, an Waldrändern, Lichtungen, aber auch auf Waldwiesen und in Parks

Zeitraum: Juli bis November

Verwendbarkeit: Ausgezeichneter Spei-

sepilz, Hüte können wie Schnitzel paniert werden.

Lamellen: weiß, leicht ablösbar vom Hutfleisch, dicht stehend

Verwechslung: Safranschirmpilz (guter Speisepilz); Fleischbräunlicher Gartenschirmling (Vorsicht lebensbedrohlicher Giftpilz!)

Besonderheiten: Die jungen Pilze ähneln einem Paukenschlägel.

Fleisch: weich, weiß

Geruch: neutral ohne bemerkenswerten Geruch

Geschmack: angenehm nussartig

PERLPILZ

(Amanita rubescens)

Merkmale: rötliche Färbung nach Bruch und an den Madengängen; deutlich geriefte Manschette am Stiel

Hut: 4-15 cm, halbkugelig, später abgeflacht, hellrötlich bis fleischfarbig mit vielen Farbschattierungen, Hut mit weißlich bis rosafarbigen, abwaschbaren Velumresten, Huthaut leicht abziehbar

Stiel: fleischfarbig mit stets herabhängender, geriefter Manschette; Knolle ohne Scheide und meist leicht beschuppt

Vorkommen: Laub- und Nadelwald, auf allen Böden

Zeitraum: Juni bis Oktober

Verwendbarkeit: sehr guter Speisepilz; jedoch sehr oft madig; roh giftig

Lamellen: anfangs weiß, später fleischrosa fleckend
Verwechslung: Grauer Wulstling; Vorsicht vor der Verwechslung mit dem Pantherpilz (stark giftig)
Besonderheiten: Nach Regen sind die Velumreste des Hutes oft abgewaschen und der Hut kann dann kahl erscheinen.
Fleisch: unter der Huthaut, an Madengängen und an der Stielbasis rötend
Geruch: angenehm frisch
Geschmack: mild

PANTHERPILZ

(Amanita pantherina)

Merkmale: ungeriefte Manschette; Bergsteigersöckchen an der Knolle

Hut: 4-10 cm, ockerfarbige bis braune Huthaut, besetzt mit weißen Flocken; Hutrand gerieft

Stiel: schlank, weiß mit häutiger, ungeriefter, herabhängender Manschette, Knolle mit mehrfach umlaufendem Wulst (Bergsteigersöckchen)

Vorkommen: Laub- und Nadelwald; vor allem auf Sandböden

Zeitraum: Juli bis November

Verwendbarkeit: stark giftig, neurotoxische Wirkung, Schwindel, Rauschzustand, Herzrhythmusstörungen

Lamellen: dicht stehend, weiß auch im Reifestadium

Verwechslung: Grauer Wulstling, Perlpilz

Besonderheiten: Der scherzhafte Name „Sachsenschreck" ist darauf zurückzuführen, dass der Pilz in Sachsen oft unbekannt war und so mancher sächsische Urlauber sich damit vergiftete.

Fleisch: weiß

Geruch: dumpf

Geschmack: rettichartig

ECHTER PFIFFERLING

(Cantharellus cibarius)

Merkmale: typische Leistlingsform
Hut: 3-12 cm, anfangs gewölbt später trichterförmig, dottergelb, Hutrand wellig eingebogen, Huthaut samtig
Stiel: gelblich, vollfleischig, an der Basis zugespitzt
Vorkommen: Laub- und Nadelwald, oft unter Fichten an moosigen Stellen, bevorzugt saure Böden
Zeitraum: Juni bis Oktober
Verwendbarkeit: geschätzter Speisepilz, aber zum Trocknen ungeeignet
Leisten: dem Hut farblich ähnlich, gegabelt mit Querverbindungen, am Stiel herablaufend
Verwechslung: Falscher Pfifferling
Besonderheiten: Der Bestand ist leider

in den letzten Jahren stark zurückgegangen, weshalb der Pfifferling in Deutschland geschützt ist. Er darf nur für den Eigenbedarf entnommen werden.

Fleisch: weiß bis blassgelb

Geruch: angenehm fruchtartig

Geschmack: mild mit leicht pfeffrigem Beigeschmack

ROTKAPPEN, ESPENROTKAPPE

(Leccinum rufum)

Hut: 5-18 cm, halbkugelig, im Alter verflacht, braun- bis orangerot
Stiel: kräftig, nach oben verjüngt, oft leicht verbogen, helle Stielbasis besetzt mit rotbraunen Schüppchen
Vorkommen: unter Espen (Zitterpappel)
Zeitraum: Juni bis Oktober
Verwendbarkeit: sehr wohlschmeckende Speisepilze, fast nie madig
Röhren: anfangs weißlich, im Alter grau
Verwechslung: mit anderen Rotkappen und Birkenpilzen
Besonderheiten: Es gibt mehrere Rotkappen, die an verschiedene Baumarten gebunden sind (Birke, Eiche, Zitterpappel), alle sind gute Speisepilze.
Fleisch: jung fest, weißlich, bei Anschnitt

rötend, übergehend in Schwarzfärbung
Geruch: mild, angenehm
Geschmack: mild

RAUCHBLÄTTRIGER SCHWEFELKOPF

(Hypholoma capnoides)

Merkmale: Typischer Unterschied zum Grünblättrigen Schwefelkopf sind die rauchgrauen Lamellen.

Hut: 2-6 cm, blass ockergelb, zum Rand hin aufhellend

Stiel: hell, cremegelb bis gelbbräunlich, schwach faserig, hohl

Vorkommen: büschelig wachsend an Nadelholz, vor allem Kiefer und Fichte

Zeitraum: September bis November, manchmal auch schon im Frühjahr

Verwendbarkeit: Sehr guter Speisepilz, vorrangig die Hüte verwenden. Stiele sind hart und können getrocknet zu Pilzpulver verarbeitet werden.

Lamellen: jung blassgrau, später rauchgrau

Verwechslung: Grünblättriger Schwefelkopf (giftig), Ziegelroter Schwefelkopf (ungenießbar)
Besonderheiten: einzig essbarer Schwefelkopf
Fleisch: fest, weißlich
Geruch: schwach nach Holz riechend
Geschmack: mild, nussartig, nicht bitter

GRÜNBLÄTTRIGER SCHWEFELKOPF

(Hypholoma fasciculare)

Hut: 2-6 cm, schwefelgelb bis gelbgrün später grünviolett zur Mitte hin dunkler, anfangs gewölbt, später verflachend, nicht hygrophan
Stiel: zylindrisch, anfangs schwefelgelb über rostgelb bis hin zu braungelb
Vorkommen: morsche Baumstümpfe
Zeitraum: Mai bis November
Verwendbarkeit: giftig, Genuss verursacht Durchfall und Erbrechen
Lamellen: anfangs gelbgrün, schwefelgelb, später grünbraun bis grünschwarz
Verwechslung: Rauchblättriger Schwefelkopf, Ziegelroter Schwefelkopf
Besonderheiten: Diesen Pilz sollte man genau kennen, wenn man Rauchblättrige Schwefelköpfe sammelt.

Fleisch: gelb bis schwefelgelb
Geruch: unangenehm
Geschmack: stark bitter

RIESENBOVIST

(Langermannia gigantea)

Merkmale: Ein Highlight in der Natur.
Fruchtkörper: 20-70 cm Durchmesser, kann mehrere Kilogramm wiegen, an einen Fußball erinnernd, Außenhaut weiß bis gelblich, an der Basis auf kurzem Strang sitzend
Vorkommen: stickstoffliebend, auf Wiesen, Viehweiden sowie an Waldrändern
Zeitraum: Juli bis Oktober
Verwendbarkeit: Nur junge Exemplare mit rein weißem Fleisch sind verwendbar. Beliebt ist das Zubereiten von panierten Riesenbovist-Scheiben. Sie können genau wie Wiener Schnitzel zubereitet werden. Außenhaut abschälen.
Verwechslung: kaum möglich
Besonderheiten: Wenn man das Glück

hat einen Pilz zu finden, sind meist noch mehrere Exemplare in der Nähe.

Fleisch: anfangs rein weiß, später vergilbend, im Endstadium grünbraun und pulverförmig

Geruch: neutral, im Alter unangenehm

Geschmack: jung mild

VIOLETTER RÖTELRITTERLING

(Lepista nuda)

Merkmale: fast komplette Violettfärbung; süßlicher bis parfümartiger Geruch.

Hut: 4-12 cm, anfangs gewölbt, bald verflachend, Hutrand wellig, violett mit Brauntönen, glatt

Stiel: Hutfarben violett, leicht flockig überfasert

Vorkommen: Im Laub- und Nadelwald, aber auch in Gärten. Oft in Reihen oder Ringen gesellig auftretend.

Zeitraum: September bis November, manchmal schon als Schub im Frühjahr auftretend

Verwendbarkeit: essbar, guter, vielseitig verwendbarer Speisepilz

Lamellen: gleichmäßig violett, ausge-

buchtet angewachsen, im Alter violett mit feinem Braunschimmer

Verwechslung: Achtung Giftpilz: Lila Dickfuß! und mit anderen, meist giftigen, lilafarbigen Schleierlingen.

Besonderheiten: Hat angeblich blutdrucksenkende Eigenschaften.

Fleisch: violett, etwas marmoriert

Geruch: süß, parfümartig, unter Kälteeinwirkung abgeschwächt wahrnehmbar

Geschmack: wie Geruch

STOCKSCHWÄMMCHEN

(Kuehneromyces mutabilis)

Merkmale: Zu beachten sind vor allem die unterschiedlichen Stielmerkmale im Vergleich zum Gift-Häubling!

Hut: 4-7 cm, jung halbkugelig später zunehmend verflachend. Hut glatt und feucht sowie stark hygrophan (= Farbänderung des Pilzhutes durch Aufnahme oder Abgabe von Wasser). Farbspiel von olivgelb bis bräunlich je nach Witterung. Hut am Rand dunkler und durchwässert.

Stiel: Zylindrisch in dichten Büscheln stehend, oft hohl. Der häutige Ring ist nicht immer deutlich sichtbar. Unterhalb des Rings ist der Stiel rostbraun und deutlich schuppig, oberhalb des Rings ist er heller (cremefarben).

Vorkommen: Wächst in Büscheln an Totholz (Saprophyt), meist in Buchen- und Mischwäldern. In höheren Lagen auch an Nadelholz.

Zeitraum: Mai bis November, oft in zwei Schüben (Frühjahr und Herbst)

Verwendbarkeit: Ausgezeichneter Speisepilz, besonders die Hüte; Stiele getrocknet und zu Pilzpulver verarbeitet würzen Soßen und Suppen.

Lamellen: dicht gedrängt, erst gelblich später nach braun wechselnd

Verwechslung: Achtung der potentiell tödliche Gift-Häubling sieht täuschend ähnlich aus. Nur die Merkmale der Stiele bieten eine sichere Unterscheidungsmöglichkeit.

Besonderheiten: Sammeln Sie nur Stockschwämmchen mit Stielen und wenn Sie sicher den Unterschied zum Gift-Häubling kennen.

Fleisch: blassbräunlich
Geruch: charakteristisch pilzartig, niemals mehlartig
Geschmack: mild

GIFTHÄUBLING

(Galerina marginata)

Merkmale: Sein längs überfaserter Stiel und der mehlartige Geruch unterscheiden diesen stark giftigen Pilz vom Stockschwamm.

Hut: 1-5 cm, konvex, im Alter abflachend, hygrophan, dünnfleischig, honig- bis ockerbraun, am Rand gerieft

Stiel: zylindrisch, mit häutigem diffusem Ring, oberhalb des Rings ocker, unterhalb braun; Stiel weiß, silbrig, längs überfasert auf braunem Grund

Vorkommen: In kleinen Gruppen oder büschelig an Stümpfen und Stämmen sowie auf Holzabfällen. Auf allen Böden, in höheren Lagen Fichte bevorzugend, aber auch an Laubholz anzutreffen.

Zeitraum: August bis November

Verwendbarkeit: gefährlicher Giftpilz, ähnliche Giftstoffe wie in Knollenblätterpilzen (Amatoxine)
Lamellen: von gelb bis rostbraun, am Stiel angewachsen
Verwechslung: Stockschwamm
Besonderheiten: Der frühere Name Nadelholzhäubling ist irreführend, da der Pilz auch an Laubholz vorkommt.
Fleisch: im Hut gelbbraun, zerrieben Mehlgeruch
Geruch: mehlartig
Geschmack: Bitte keine Kostproben nehmen!

SCHWEFELPORLING

(Laetiporus sulphureus)

Merkmale: Bildet eindrucksvolle Fruchtkörper an Laubbäumen.
Hut: 10-50 cm breit, leuchtend gelb bis gelborange, im Alter gelb ausblassend. Die Pilze sind dachziegelartig übereinander stehend am Wirtsstamm miteinander verwachsen.
Stiel: August bis November
Vorkommen: meist an lebenden Laubholzbäumen, auch an Obstbäumen
Zeitraum: Mai bis September
Verwendbarkeit: Jung essbar, zum Trocknen geeignet und als würziges gelbes Pilzpulver vielseitig verwendbar. Exemplare an gerbstoffhaltigen Bäumen (z.B. Eiche) nehmen die Gerbstoffe auf und schmecken meist bitter. Ich be-

vorzuge Exemplare an Obstbäumen.
Poren: schwefelgelb, kurz, eng stehend, jung mit Wassertropfen besetzt
Verwechslung: kaum möglich
Besonderheiten: In Kanada wird der Pilz sehr geschätzt und in Scheiben geschnitten frittiert. Der Pilz wird dort als Hühnchen des Waldes bezeichnet.
Fleisch: jung schön gelb und saftig, im Alter trocken bröslig werdend und hart
Geruch: angenehm, leicht obstartig
Geschmack: etwas säuerlich, im Alter bitter

SPEISEMORCHEL

(Morchella esculenta)

Hut (Kopfteil): von hell-beige über ocker bis hin zu grau-schwarz. Die Form ist meist oval, aber auch leicht zugespitzt und typisch wabenartig gegliedert mit Längsleisten.

Stiel: weiß bis cremefarben; oft mit rostfarbenen Flecken

Vorkommen: in Auenwäldern meist unter Eschen sowie an Bachläufen

Zeitraum: März bis Mai

Verwendbarkeit: Vorzüglicher Speisepilz, vielseitig verwendbar, auch zum Trocknen geeignet. Gut säubern, in den Waben sind oft Kleinlebewesen.

Fruchtkörper: 10-30 cm hoch, Kopfteil hohl, wabenförmig

Verwechslung: Spitzmorchel (ebenfalls

sehr guter Speisepilz), aber auch mit giftiger Frühjahrslorchel

Besonderheiten: Speisemorcheln können ziemlich groß und schwer werden.

Fleisch: wachsartig

Geruch: würzig

Geschmack: angenehm mild

FRÜHJAHRSLORCHEL

(Gyromitra esculenta)

Hut (Kopfteil): bis faustgroß, rotbraun bis dunkelbraun, hirnartig gewunden, unregelmäßig geformt

Stiel: grauweißlich, grubig und faltig, meist kurz und krumm

Vorkommen: meist auf Sandböden bei Kiefern

Zeitraum: März bis Mai

Verwendbarkeit: giftig, enthält Gyromitrin, ein Zellgift, das Leber und Niere angreift

Verwechslung: Morcheln

Besonderheiten: Früher wurden Lorcheln nach Trocknung oder nach Abkochen verzehrt, davon ist dringend abzuraten.

Fleisch: brüchig

Geruch: angenehm
Geschmack: Mild, aber Vorsicht Giftpilz - keine Kostprobe nehmen!

SCHOPFTINTLING

(Coprinus comatus)

Merkmale: schneller Autolyseprozess (Selbstauflösung)
Hut: 6-25 cm hoch, lang gestreckt, glockenartig, anfangs weißlich mit abstehenden Schuppen
Stiel: weiß, faserig, hohl, zylindrisch, mit flüchtigem Ring
Vorkommen: Oft in Gruppen an stickstoffreichen Stellen, z.B. Schuttplätze, Straßenränder, gedüngte Wiesen.
Zeitraum: August bis Oktober
Verwendbarkeit: Jung und mit weißen Lamellen guter Speisepilz, besonders für Suppen.
Lamellen: jung weiß, im Alter über rosa zu schwarz färbend, zerfließend

Verwechslung: mit anderen Tintlingen
Besonderheiten: Die Pilze gehen sehr schnell in Autolyse über. Pilze, deren Lamellen anfangen sich zu färben, sind zu meiden.
Fleisch: sehr zart
Geruch: ohne besonderen Geruch
Geschmack: leicht nussartig

STEINPILZ, HERRENPILZ

(Boletus edulis)

Abbildung: siehe Titelfoto

Merkmale: Die kompakten Hüte können in unterschiedlichen Brauntönen auftreten, je nach Standort und Mykorrhizapartner.

Hut: 5-25 cm breit, halbkugelig, später abflachend. Verschiedene Farbtöne möglich von hell bis rotbraun, aber meist gleichmäßig gefärbt, Randzone oft heller. Bei Regen schmierige, klebrige Huthaut.

Stiel: bauchig, tonnenförmig, Grundton cremeweiß mit feinem Netzwerk überzogen

Vorkommen: Nadel- und Mischwald, auf allen Böden, sehr oft unter Fichten

Zeitraum: Juni bis Oktober

Verwendbarkeit: ausgezeichneter, hochgeschätzter Speisepilz, Huthaut abschälen, vielseitig verwendbar; teilweise Unverträglichkeiten bekannt
Röhren: jung weißlich, später gelb, im Alter olivgrün; ziemlich dicke Röhrenschicht
Verwechslung: Der Gallenröhrling schmeckt bitter. Er hat nur anfangs weiße und sehr bald fleischrosa farbige Röhren.
Besonderheiten: Es gibt unterschiedliche Steinpilzarten, die meist an bestimmte Baumarten gebunden sind.
Fleisch: jung fest, später schwammig
Geruch: nussartig, sehr angenehm
Geschmack: mild, nussartig

TOTENTROMPETE, HERBSTTROMPETE

(Craterellus cornucopioides)

Hut: 4-12 cm, geformt wie ein Füllhorn, krausiger, welliger, umgeschlagener Hutrand, innen hohl und grauschwarz, außen aschgrau

Stiel: elastisch, nahtlos in den Hut übergehend

Vorkommen: bevorzugt in kalkhaltigen Buchenwäldern, oft in größeren Gruppen, standorttreu

Zeitraum: August bis November

Verwendbarkeit: ausgezeichneter Würzpilz, vielseitig als Trockenpilz verwendbar. Von Risotto bis Schwarzpulver (schwarzes Pilzpulver). Für mich der beste Herbstpilz .

Verwechslung: Grauer Leistling, essbar

Besonderheiten: Seinen Namen verdankt der Pilz seinem düsteren, dunklen Äußeren.
Fleisch: elastisch, schwarzgrau, im Alter zäh
Geruch: leicht aromatisch
Geschmack: roh erdig

WIESENCHAMPIGNON

(Agaricus campestris)

Merkmale: Vor allem die Unterschiede zu Knollenblätterpilzen und Karbolegerlingen beachten!

Hut: 3-10 cm, jung halbkugelig bald abflachend, abziehbar, weiß bis grauweiß, manchmal mit feinen, weißbräunlichen Schüppchen

Stiel: weiß, zylindrisch mit hängendem, leicht vergänglichem Ring

Vorkommen: Auf von Vieh gedüngten Wiesen, Koppeln sowie an nährstoffreichen Waldrändern. Oft in Gruppen auftretend und nach starken Regenfällen aus dem Boden schießend.

Zeitraum: Mai bis Oktober

Verwendbarkeit: sehr guter Speisepilz, Marktpilz

Lamellen: dichtstehend, zuerst rosa, später rotbraun, im Alter dunkel schokoladebraun bis fast schwarz

Verwechslung: Vorsicht: Der giftige, an der Knolle deutlich chromgelb verfärbende Karbolegerling kommt vor allem in Gärten und Parks vor. Bei sehr jungen Pilzen besteht auch die Gefahr der Verwechslung mit den tödlich wirkenden Knollenblätterpilzen.

Besonderheiten: Bestand leider stark rückläufig

Fleisch: weiß, beim Anschnitt schwach rötlich anlaufend

Geruch: leicht würzig

Geschmack: mild, nussartig

KARBOLEGERLING

(Agaricus xanthoderma)

Merkmale: chromgelbe Verfärbung bei Verletzungen, besonders an der Knolle; Karbolgeruch

Hut: 5-15 cm, weiß, bei Verletzung gelb färbend, zuerst halbkugelig, später flacher werdend

Stiel und Knolle: Weißer Stiel mit hängendem Ring und Knolle. Der Stiel und besonders die Knolle verfärben sich bei Verletzung deutlich chromgelb, später bräunlich werdend.

Vorkommen: in nährstoffreichen Gärten, Parks, Friedhöfen aber auch in Auen- und Laubwäldern

Zeitraum: Mai bis November

Verwendbarkeit: Vorsicht Giftpilz: löst starke Magen- und Darmbeschwerden aus. Der so typisch champignonartig aussehende Pilz hat schon manche Pilzvergiftung verursacht. Er hat sich in den letzten Jahren stark verbreitet.

Lamellen: anfangs rosa dann grau-rosa, später schokoladenbraun

Verwechslung: mit essbaren Champignons

Besonderheiten: Durch sein verführerisches Aussehen wird der Pilz sehr oft mit genießbaren Champignons verwechselt.

Fleisch: weiß, im Anschnitt gelb anlaufend

Geruch: Meist deutlich nach Karbol (tintenartig) riechend. Der Geruch kann auch abgeschwächt ausgeprägt sein. Karbolgeruch nimmt beim Kochen zu.

Geschmack: Scheußlich nach Karbol.

ZIEGENLIPPE

(Xerocomus subtomentosus)

Merkmale: langes gelbgefärbtes Röhrenfutter; gehört zu den Filzröhrlingen

Hut: 4-10 cm, olivgrün bis olivbraun, fein, filzig, wildlederähnlich, fast immer trocken

Stiel: zylindrisch, nach unten leicht zugespitzt, Grundton gelb mit rötlicher Marmorierung

Vorkommen: im Laub- und Nadelwald oft zwischen Moos

Zeitraum: Juni bis Oktober

Verwendbarkeit: essbar, jung guter Speisepilz mit festem Fleisch

Röhren: jung goldgelb, später grünlich gelb, auf Druck schwach blau bis braun färbend

Verwechslung: Rotfußröhrling (essbar)

Besonderheiten: bei Anschnitt unverändert oder leicht bräunend
Fleisch: relativ festfleischig, im Stiel gelb sonst weißlich
Geruch: neutral
Geschmack: mild

MEINE LIEBSTEN PILZREZEPTE

Eishäuser Maischwammbrühe

600-800 g Maipilze
400 g gut geräucherter Schinken
1-2 Eier • 1 gehäufter EL Mehl
1 Bund Petersilie

Die Pilze küchenfertig vorbereiten und in Scheiben schneiden. Den Schinken in wenig Wasser ca. 15 Minuten kochen. Wenn der Schinken gar ist, herausnehmen und die Maipilze im Sud ca. 10 Minuten kochen. Das Mehl in 1 Tasse kaltem Wasser auflösen und die Soße damit binden. Nach einem kurzen Auf-

kochen die Soße mit den verquirlten Eiern abziehen. Petersilie fein hacken und in die heiße Soße geben, nicht mehr aufkochen. Den Schinken in feine Würfel schneiden und in die Soße geben oder im Stück servieren. Mit etwas Pfeffer abschmecken. Dazu passen rohe Thüringer Klöße und ein guter Riesling.

Gudruns Pilzsalat

400 g Pilze (Stockschwämmchen, Austernseitlinge oder Krause Glucke)
1 Zwiebel
wenig Essig • Zucker • Öl • Salz • Pfeffer
2-3 EL Mayonnaise

Die vorbereiteten Pilze würfeln oder in Scheiben schneiden. In wenig Wasser ca. 10 Minuten kochen, bis das Wasser fast weg ist. Zwiebelwürfel glasig andünsten. Pilze mit Zwiebeln, Essig, Zucker, Öl, Salz und Pfeffer würzen. Alles gut vermischen. Die Mayonnaise unterziehen. Nochmals mit Salz und Pfeffer abschmecken und mindestens 2 Stunden durchziehen lassen. Dieser Pilzsalat ist im Kühlschrank 3 bis 4 Tage haltbar.

Henrys Herbsttrompeten-Risotto

100 g getrocknete Herbsttrompeten
oder andere Pilze
4 mittelgroße Tomaten
1,5 l Gemüsebrühe • 1 Bund Suppengrün
40 g Butter • 2 EL Olivenöl
1 Knoblauchzehe • 1 Zwiebel
1 Zweig Rosmarin • 5 Salbeiblätter
1 kleiner Bd. Basilikum • Salz • Pfeffer
350 g Risotto-Reis • 1 kl. Bd. Petersilie
200 ml Rotwein (Barolo)
40 g frisch geriebener Parmesan

Trockenpilze in einer Schüssel mit heißem Wasser bedeckt 20 Minuten quellen lassen. Die Pilze gut ausdrücken und das Wasser abgießen. Tomaten kurz in kochendes Wasser legen, Haut abziehen und danach würfeln.

Für die Gemüsebrühe grob gewürfeltes Suppengrün 20 Minuten in 1,5 Liter Wasser kochen. Brühe durch ein Sieb gießen, mit Salz und Pfeffer würzen.
Butter und Öl in einem Topf erhitzen. Fein gehackten Knoblauch, Zwiebel und Kräuter bei niedriger Temperatur 5 Minuten andünsten. Tomaten hinzufügen und 15 Minuten garen. Pilze dazugeben und abgedeckt nochmals 15 Minuten köcheln lassen.
Gemüsebrühe in einem separaten Topf aufkochen. Petersilie und Reis zur Tomaten-Pilz-Mischung geben und unter Rühren andünsten, bis der Reis glasig wird. Mit Wein ablöschen und die Flüssigkeit verdampfen lassen. 1 Kelle heiße Brühe zufügen und unter Rühren köcheln lassen. Wenn der Reis die Brühe aufgesogen hat, eine weitere Kelle Brühe

zugeben. So fortfahren, bis der Reis gar und cremig weich ist. Das dauert ca. 20 Minuten. Risotto mit Parmesan bestreut servieren. Dazu ein Glas Barolo genießen.

Morcheln mit Cherry und Bandnudeln

500 g frische Morcheln
1 Zwiebel • Butter
100 ml Kalbsfond
2 doppelte Cherry • 200 ml Sahne

Morcheln putzen und mit wenig Wasser 10 Minuten kochen. Zwiebelwürfel in Butter anschwitzen. Kalbsfond zugeben und verkochen lassen. Cherry zugeben und erneut verköcheln. Schlagsahne unterziehen. Dazu schmecken Bandnudeln.

Pilzpulver und Trockenpilze

Zur Herstellung von Pilzpulver eignen sich vor allem Herbsttrompeten, Schwefelporling und Stiele von Stockschwämmchen und Schirmpilzen. Damit kann man verschiedenfarbiges Pilzpulver herstellen. Jedes Pilzpulver besitzt sein eigenes Aroma.

Herbsttrompeten ergeben aromatisches Schwarzpulver. Mit diesem Pulver kann man sehr aromatische schwarze Nudeln herstellen. Die Stiele von Stockschwämmchen sind zäh und hart. Sie ergeben ein wunderbar würziges braunes Pilzpulver. Nussartiges helles Pilzpulver kann man aus Schirmpilzen herstellen.

Schwefelporlinge erbringen gelbes Pilzpulver, das man als natürlichen Soßenbinder verwenden kann.

Mit Pilzpulver kann man Soßen würzen, Teig und Nudeln färben oder Öl aromatisieren. Probieren Sie es einfach aus. Versuche sind absolut empfehlenswert, zumal sich Pilzpulver gut und lange lagern lässt.

Die Pilze nur putzen, bitte nicht vorher waschen, und in kleine Stücke schneiden. Die Pilzstücke oder die abgetrennten Stiele bei 70 °C ca. 8 bis 12 Stunden trocknen. Die Trocknungszeit richtet sich nach dem Feuchtigkeitsgehalt der Pilze.

Die Pilzstücke können als Trockenpilze eingesetzt oder zu Pulver verarbeitet werden. (Ich benutze zum Mahlen eine gute alte Kaffeemühle.) Das fertige Pilzpulver oder die Trockenpilze gut verschlossen in Gläsern oder vakuumverpackt aufbewahren.

Ralfs Hackbraten mit Stockschwämmchen

400 g Stockschwämmchen
600 g Hackfleisch
1 Eigelb • 1 Zwiebel
1 kleines Brötchen vom Vortag
Walnusssalz • Pfeffer
Paprikapulver

Die Stockschwämmchen ohne Stiele in kleine Stücke schneiden. Das Hackfleisch gut mit den Stockschwämmchen vermischen, Eigelb, die fein gehackte Zwiebel und das in Wasser eingeweichte, ausgedrückte Brötchen untermengen. Je nach Bedarf die Mischung mit Walnusssalz, Pfeffer und Paprikapulver würzen. Die Pilz-Hackfleisch-Mischung in eine gut gefettete Hackbratenform füllen und bei 160 °C Umluft im Backofen ca. 60 Minuten durchbacken. Dazu schmecken Rosenkohlgemüse und Kartoffeln oder Schweizer Rösti.

Gluckenschnitzel

Wer eine Krause Glucke findet, hat einen der würzigsten und ergiebigsten Pilze im Korb.

Für die Schnitzel den Pilz in Scheiben schneiden. Das hat den Vorteil, dass man die Krause Glucke besser säubern kann. Pilzscheiben mit Salz und Pfeffer würzen und in Mehl, Ei und Semmelmehl wie ein Wiener Schnitzel panieren. Die Gluckenschnitzel in Butterschmalz ausbraten.

Dazu passt eine dunkle Soße mit Herbsttrompetenpulver und Roter Bete-Salat. Die ideale Kartoffelbeilage sind Bamberger Hörnchen. Sie sind festkochend und sehr aromatisch.

Als passendes Getränk empfehle ich selbstgemachten Apfelwein vom Roten Boskoop.

DANKSAGUNG ZUM SCHLUSS

Ohne euch gäbe es mich nicht. Oft waren beim Schreiben dieser Zeilen meine Gedanken bei meinem Vater, Otto Fenzlein und meinem Großvater, Walter Fenzlein. Beide zeigten mir die ersten Pilzschätze in meiner Heimat Eishausen und begeisterten mich für die Welt der Pilze. Mein besonderer Dank gilt Dr. Jürgen Hesse, der mir als Pilzberater im Muldentalkreis an unzähligen Wochenenden bei der Ausbildung der Pilzsachverständigen sein großartiges Wissen weitergab.

Verzeichnis der Pilzarten